Sauniuniga mo Puapuaga ma Suiga o le Tau i Amerika Samoa

Sauniuniga Mo Puapuaga i Amerika Samoa

transforming the future

AMERICAN
PSYCHOLOGICAL
FOUNDATION

Pacific RISA

EAST-WEST CENTER
COLLABORATION · EXPERTISE · LEADERSHIP

O lenei galuega sa fa'atupeina e le American Psychological Foundation Visionary Grant, ma lagolagosua iai le Pacific Regional Integrated Sciences ma le Polokalama a le Assessments (Pacific RISA) ma le East-West Center.

Kati Corlew, PhD, is project principal investigator for this project, "Relating the Psychological Recovery from Recent Disasters to Climate Change Risk Perception and Preparedness in Hawai'i and American Sāmoa." She is an assistant professor of Psychology at the University of Maine at Augusta. She can be reached at kate.corlew@maine.edu.

For a free electronic file, available for download, and to learn more about the Pacific RISA project, visit www.PacificRISA.org.

The handbook is also available at EastWestCenter.org/Publications.

For permissions requests contact EWCBooks@EastWestCenter.org.

Sauniuniga mo Puapuaga ma Suiga o le Tau i Amerika Sāmoa
ISBN 978-0-86638-260-1 (print) and 978-0-86638-261-8 (electronic)

Photograph sources in this publication:
Cover by Greg McFall
Pages 1, 5, 8, 16, and 23 by LT Charlene Felkley
Page 19 by Kati Corlew, PhD
Page 27 and 28 by Krista Jaspers

Fa'a'oto'otoga

O **Amerika Samoa** o le tasi lea o nofoaga e ese le matagofie o ona laufanua ma siosiomaga i le lalolagi. Ae peita'i, a umi ona e nofomau i Amerika Samoa, (pei lava o isi nofoaga) e lē malu puipuia mai i fa'afitauli fa'alenatura po'o ni fa'afitauli a afua mai i galuega a le tagata. O le lē malu puipuia e a'afia ai tulaga le mautinoa pei o le oge, afi mu saesae, afa malolosi ma lologa, sologa, a'ati lau e le vai, sunami, ma mafuie, ma isi puapuaga.

O **nisi nei o tulaga-lamatia**, o le a fa'a'ono'ono pe fa'afiufiu i tausaga asau ona o suiga o le tau. O le mafuaga lenei, e alatatau ai le limalima fa'atasi o sauniuniga mo puapuaga i suiga o le tau. O le tele o sauniuniga e faia o le a fesoasoani i aiga, pisinisi, and alalafaga ina ia lava tapena pe'a iai suiga o le tau.

O **le autu o lenei galuega** ina ia lava ona malamalama Amerika Samoa i le feso'otaga o tulaga-lamatia fa'anatura ma fesoasoani i tagata nuu ma ta'ita'i tofiga o Amerika Samoa i tapenaga mo mea e tutupu i le lumana'i. O le feso'otaiga o lenei galuega fa'atasi ma tagata lautele o Amerika Samoa, e ala i lo latou iloa i mea na tutupu ia te'i latou i tulaga-lamatia e fa'aaoga ai ni auala eseese nei.

1) O se iloiloga-saili e faia i luga o komepiuta.
2) Fa'atalanoaina o tagata lautele i alalafaga ma ta'ita'i tofiga.
3) Vasega mo sauniuniga e faia i Pago Pago.

O lenei tusi e aofia fa'amatalaga fa'atatau i tulaga faigata fa'anatura ma le lē malu puipuia o Amerika Samoa i puapuagatia, tala 'oto'oto mai tagata na auai ma lo latou poto masani, ma se ta'iala mo sauniuniga mo puapuaga ma suiga o le tau.

O le fa'atusatusaga o le Tulaga-lamatia i Puapuaga

O le a le 'ese'esega?

O le **tulaga-lamatia**, o se mea e tupu (fa'anatura, tekonolosi, faia e le tagata) e ono fa'aumatia ai le siosiomaga po'o le soifua o tagata.

O se **Puapuaga,** o le tulaga faigata fa'anatura, tekonolosi, pe faia e le tagata ua i'u ina fa'aleagaina ai pe fa'aumatia ai o laufanua, mea totino, leiloloa ai ma ola, etc.

O lou nofo i nofoaga o lologa o le fa'ataitaiga lea o se **tulaga-lamatia**.

O le sunami lea na tupu i ia Iapani o le fa'ataitaiga lea o se **puapuaga**.

E mafai e se puapuaga ona fa'atupuina se isi **puapuagatia lona lua**, po'o le afua ai se tu'ufaatasiga o puapuaga e sosolo pei o le soloia o ni komigo. E mafai ona aofia ai tulaga-lamatia fa'aletagata pe fa'anatura.

I le 2011, o se *mafuie* i gataifale o Tohoku, na mafua ai le *sunami* lea na le *fa'aleagaina ma le maumaututu* ai se nofoaga fa'anukilia i Iapani...

O le International Disaster Database (EM-DAT), latou te fa'aaogaina ia tulaga matati'a lenei e fai ma taiala mo le malamalama i le fa'apupulaina o se puapuagatia.

- 10 pe o le sili atu i luga le aofa'i o tagata ua maliliu ma/po'o
- 100 pe o le sili atu i luga tagat ua ripotia ua a'afia ma/po'o
- Fa'afesoota'i atunu'u i fafo mo se fesoasoani/fa'alauiloaina pe a ua o'o i ni tulaga p fa'alavelave matautia.

O le Maitauina o ni tulaga-lamatia i totonu o Amerika Samoa

E fa'aalia mai e le motu le fe'ese'esea'i o laufanua 'ese'ese o Amerika Samoa ma e iai ona vaitau o timuga ma vaitau o le matutu. O le fa'auigaina la o nei mau fe'ese'esea'iga i laufanua o Amerika Samoa e fa'apea, o se nofoaga o lo'o iai se va tēle lava i tulaga-lamatia e lē mafua ona o le tau, ma tulaga-lamatia e mafua ona o le tau, a'o nei mau feso'otaiga 'ese'ese e afua ai ona tutupu ai nisi tulaga-lamatia i nisi o vaega o le motu.

Ua tele le fainumera o **afa** ma **matagi malolosi** ua afatia ai Amerika Samoa, ma o nei matagi ua avea ma auala e fa'ateteleina ai **lologa** ma **sologa ma'a.** O le latalata in matafaga, e tula'i mai iai se tulaga faigata e mafua ona o **tai maualuluga** ma e tatau one manatunatu i ai. O nisi fa'aopoopoga, O Amerika Samoa ma ona siosiomaga i le pasefika o ni nofoaga e lē malu puipuia mai i **mafuie** atonu e mafai pe lē mafai foi ona tupu ai se **Sunami.**

O Tulaga-Lamatia Fa'anatura e lamatia ai itu'aiga ma nu'u.

- O tulaga-lamatia fa'anatura e mafai ona fa'aleagaina a tatou nofoaga fausia, e pei o auala ma auala laupapa, po'o le uila ma le supalai o vai.
- O tulaga-lamatia fa'anatura e mafai ona fai ma fa'alavelave i mea fai a nuu ma alalafaga - mai meafai a aiga i galuega ma aoga se ia o'o i femalagaina o va'a ma meafai e fa'apotopotoga fa'asosaiete
- O tulaga-lamatia fa'anatura e mafai ona tupu ai ni manu'a i le tino pe ma'imau ai ma le ola

O suiga i le tau e fa'ateteleina ai tulaga-lamatia ma puapuaga

O suiga o le tau o lo'o afaina ai i Amerika Samoa, le itulalolagi o motu o le Pasefika, ma le lalolagi atoa. Ona e le mafai ona valoia tonu lava le taimi ma le matuia o nei suiga, ua mafai ona iloa ma malamalama saienitisi mai le Pasefika ma nisi vaega o le lalolagi i le mea e mafai ona tupu i nei suiga.

E tele meaola e mafai ona oo i se tulaga le mautinoa i Amerika Samoa. O **Meaola fa'asao,** ua lē malu puipuia, ma ua fa'ateteleina le lē mautinoa.

Ona o lenei fa'afitauli ua lamatia ai le atumotu ma meaola o le sami ma le ola o le siosiomaga, ma ua lamatia ai foi ma tulaga i le **aganuu ma le ola fa'aleagaga.**

O fa'asologa o matagi o le a fa'asolo ina tetele le matuia. Fa'ataita'iga, o le a va'aia le fa'ateleleina o le oge ma le fa'ateleleina o matagi matuia, e iu ai i le tetele o lologa, sologa o laufanua i le vai, ma sologa ma'a.

O le o'ona o le sami, soloia laufanua e le vai, ma isi tulaga matautia e mafai on fa'aleaga ai le **siosiomaga o gataifale ma matafaga,** e tupu ai le fa'aitiitia laufanua o le gataifale o lo tatou tali matagi lea fa'anatura.

Ia Manatua, o tulaga le mautinoa i le siosiomaga O tulaga le mautinoa foi lea i le lautele o faiganuu:

O ono afaina ai le tamaoaiga, o le mau o mea'ai, ma tatou nofoaga fausia.

O le Pulega I le Li'o Ta'amilo I Taimi O Fa'alavelave Fa'afuase'i

O galuega a taitai o lo'o va'ava'aia tulaga i puapuaga ma fa'alavelave fa'afuase'i e manatu i latou i nei fa'afitauli e pei o se li'o ta'amilo ona la'asaga, ma ua fa'aigoaina o le Pulega i le Li'o Ta'amilo i Fa'alavelave Fa'afuase'i. O le piriota o **sauniuniga** e muamua ae le'i oo i se mea e tupu. O le piriota e **tali atu ai** pe a uma ona osofa'i mai puapuaga e mo'omia ona fai loa ma fa'avave. O vaiaso, ma masina, po'o ni tausaga pe a ma'ea osofa'ia i puapuaga, o le piriota lea o le **atia'e ma fa'aolaola** mea na fa'aleagaina. A'o fa'asolosolo ina toe mautu ia le lautele o itu'aiga ma nuu, o le piriota lea o **gaoioiga e fa'aitiitia** ai mafatiaga mai puapuaga pe a toe tutupu mai, o nei gaoioiga o le a fa'ateteleina ai le mafaia e itu'aiga ma nuu ona tali vave atu ma atina'e ma fa'aolaola mai puapuaga. O le mea lea e ta'iala i **sauniuniga** ae le'i iai se isi mea e tupu mai.

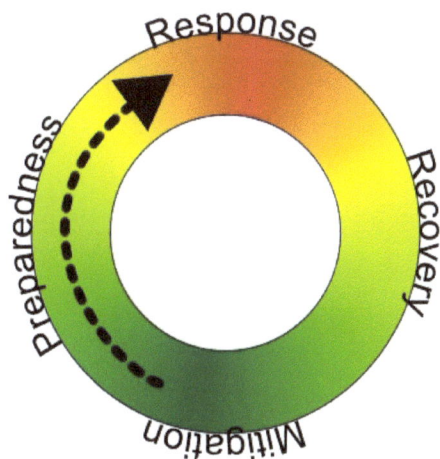

Ata Maua Mai i le: http://en.wikipedia.org/wiki/File:Em_cycle.png

A'o Fetai'ai Ma Puapuaga

O le a le mea o lo'o tupu fa'asaikolosi i le mafaufau a'o le'i tupu, i le taimi a'o tupu, ma le taimi ua uma ai ona tupu se fa'alavelave puapuagatia?

E tele ni lagona fa'asaikolosi e tutupu ma fa'alogoina a'o fa'agasolo le fa'atinoga o la'asaga o le pulega i le li'o ta'amilo i le taimi o fa'alavelave fa'afuase'i: a'o le'i tupu, i le taimi o tupu ai, ma le taimi ua uma ai le fa'alavelave puapuagatia. O nisi o nei lagona ma fa'alologa e le lelei. A'o nisi e lelei. O nisi foi e fa'ate'ia ai, ma manatu lava o ni lagona ta'atele, a'e toatele tagata e le'o iloa fa'atalitaliga o nei lagona.

A'o le'i o'o mai ni puapuaga:

- Tagata sauniuni, po'o le lava tapena - e mafai ona fa'ateteleina pe a fa'aaoga le taimi e tapenaina ai se pusa o mea e fai ai galuega i taimi o puapuaga, fa'ata'atia au fuafuagai, ma suesue ina ia iloa atili e fa'atatau i tulaga-lamatia.
- O le Fa'amaoniga - a o'o ina iloa e tagata o le a o'o mai puapuaga, o le tele vale e amata ona 'siaki atu' i o latou aiga ma e alolofa iai e va'ai po'o tutusa uma a latou fuafuaaga ma fa'aiuga o lo'o faia, fa'ataitaiga, O puipui lou fale? E te alu 'ese mai ma lou fale?

10

I le taimi o lo'o tupu ai puapuaga:

- Ia Mataala - a'o fa'afeagai ma puapuaga, e mafai ai e tagata ona fa'aaoga le taimi ma nei avanoa e fa'aitiitia ai le mamafa e o'o mai ona o puapuagatia, fa'ataita'iga., U'u lou ato-teutupe po'o ou se'evae ae ete le'i alu 'ese mai ma le nofoaga le saogalemu; tapuni fa'amalama pe mu se afi.

- Gaoioiga Vavave - a'o fa'afeagai ma puapuaga, o le tele tagata e toe manatunatu ifo ua uma ona tali atu i se mea o lo'o tupu e aunoa ma se faia o se fa'aiuga mautu ma talafeagai; a o'o i le taimi e lolofi mai ai mea o lo'o tutupu, e mafai ona o'o i se tulaga ua le lava ai le taimi.

Ina ua mavae atu puapuaga:

- I itula ma aso e soso'o ai ina ua uma puapuagatia, e toatele tagata o le a lagonaina ma fa'alologaina ni lagona le mautonu, manu'a fa'asaikolosi, ma fa'ateteleina ai le lagona le mautinoa; e toatele lava e osofia i manatu o lo'o iai se isi puapuaga o le a toe o'o mai fa'afuase'i.

- I itula ma aso e soso'o ai ina ua uma puapuagatia, e fa'alia ai uiga fesoasoani i isi tagata i se aofa'iga maualuga; loto tausi aiga, uo, ma tagata'ese; e masani foi na va'aia ai aiga, itu'aiga ma nuu ua fa'amaopopo le fa'agaoioiga o tagata ina ia fesoasoani le tasi i le tasi e toe fausia ma atia'e mai le puapuaga na tupu.

11

Fa'aauauina o le toe fausia ma fa'aolaola:

- I vaiaso, o masina, po'o ni tausaga e soso'o ai, o le a fa'alologaina e tagata logona polepolevale, lagona vaivai, lagona masoa, ma le fa'aauau pea ona fa'ateteleina lagona le mautinoa ini puapuaga o le lumana'i.

- I vaiaso, o masina, po'o ni tausaga e soso'o ai, e mafai ona fa'alologaina lagona mataala, loto ina ia masani i se suiga, ma le nofo sauniunia mo puapuaga o i le lumana'i. O lenei lagona e ta'ua **o lelei ua tupu ma fua mai i tiga** ma e talafeagai ina ua su'esu'e ma iloa e tagata lo latou malosiaga e maua mai i taimi silisili ona mamafa ma faigata.

O ni Gaoioiga Toa e mafai ona tula'i mai i so'o se taimi o lenei li'o ta'amilo. E mafai foi ona o le mataala po'o le gaoioiga vavave. E mafai foi ona va'aia mo sina taimi pu'upu'u po'o mafai ona va'aia mo nai itula, nai aso, pe o'o lava i nai tausaga.

Fa'ai'uga o iloiloga-saili

O a ni fa'amatalaina a tagata o lo'o faia fa'atatau i le taimi o feagai ma puapuagatia? O fa'apefea ona latou sauniuni mo puapuaga i le lumana'i?

O lenei iloiloga-saili na fa'ataunuuina i Amerika Samoa ma Maui. O tali na mauaina mai i tagata e 33 o lo'o tu'u fa'atasi i totonu o vaevaeina fa'ai'u. 14 (42%) o tagata nai Maui, ma 19 (58%) o tagata nai Amerika Samoa. O tagata na auai i lea iloiloga tau puapuaga, na le gata i lo latou iloa patino ae o lo latou iloa fa'apolofesa e fa'atatau i le mataupu. 17 (52%) o fafine, ma le 15 (46%) o tamaloloa.

O tagata na auai nai Amerika Samoa sa iai le poto masani:

- 2009 Sunami, 14 (79%)
- Afa Malolosi, 12 (63%)
- Lologa, 3 (16%)
- Tai Maualuluga, 1(5%)

Poto masani i (tagata uma na auai) ina ua ma'ea puapuagatia:

- 7 (21%) e *fa'ateleina* ona mafaufau ma moemiti e fa'atatau i le puapuagatia na tupu
- 12 (36%) e *fa'ateleina* ona talatalanoa e fa'atatau i o latou lagona i le puapuaga na tupu
- 21 (64%) o lo'o *matua popole* e fa'atatau i ni puapuaga o i le lumana'i
- 29 (88%) i le taimi nei ua *lava tapena* mo ni puapuaga o i le lumana'i

Sauniuniga mo puapuaga o le lumana'i. (tagata uma na auai):

- 17 (52%) ua iai le pusa mea faigaluega i taimi o puapuaga i le fale
- 14 (42%) ua iai puna'oa ua saunia, ae leai se pusa mea faigaluega i taimi o puapuaga i le fale
- 25 (76%) ua iai fuafuaga ma peleni mo fa'alavelave fa'afuase'i o i le fale
- 24 (73%) o lo'o iai fuafuaga mo fa'alavelave fa'afuase'i i le nofoaga faigaluega, ae na'o le 17 (52%) o *fa'ata'ita'i* o latou fuafuaga mo fa'alavelave fa'afuase'i i nofoaga faigaluega

O tala i puapuaga nai Amerika Samoa

Sa fa'amatalaina i ni fa'atalanoaga ia tagata totino o itu'aiga, nuu, ma fa'apolofesa i Amerika Samoa e fa'atatau i lo latou iloa ma le poto masani i taimi o puapuaga ma suiga o le tau. Sa latou talanoa fa'atatau i le Sunami o le 2009, o afa, ma lologa na mafua ona o nei matagi malolosi. Sa talanoa foi e fa'atatau i lapataiga i puapuaga sa tutupu talu mai lo latou iloa ma ua avea ai ma poto masani.

O sauniuniga mo puapuaga e uiga felanulanua'i - mai le lava o suaniga se ia o'o i le matua lava tapena. E matua le mafai lava ona 100% se tapenaga mo se puapuaga. E leai se tasi e mafai ona sauniuni i mea uma lava. Ae peita'i, o latou uma na auai na tufa mai i le taimi o talanoaga ia tala e fa'atatau i mea ua iloa ma a'oa'oina ina ia fa'apefea ona lava sauni pe a fai e toe osofia mai ni puapuaga.

Ia a'oa'oina oe

A'o le'i tupu se puapuagatia, e taua tele le iloa po'o le a le mea e mafai ona tupu, ma po'o le a le mea e fai. Ina ua tau mai le Sunami o le 2009, e iai se fafine na fa'atonuina e aga'i i lau'ele'ele maualuluga, ma ia fa'avave.

"Ina ua ou o'o atu i auala tetele ma i le taimi foi lea, oute le'iloa po'o le a le mamao oute moomia ona agai atu ai i fanua tu totonu a o le a foi le maualuga e moomia a'o fea foi se 'nofoaga saogalemu.' Ia pau lava le mea na mafai ona ou manatu ai, 'ia ua lelei, o le ou alu i luga i Aoloau' aua o le mauga tele lea i le itu i sisifo. Ia sa matou o loa lea i luga."

O le taimi lenei i Amerika Samoa ua iai fa'ailoga e fa'ailoa ai po'o fea o iai nofoaga saogalemu pe a iai se isi sunami. 'Ae i le taimi na tau mai ai le sunami, o le fafine lenei ua fenumi'a'i ma le fefe ma fa'ataunuu le mea sa ia lagonaina e silisili ona lelei - sa 'a'e'a'e maualuga i se nofoaga maualuga na te mautinoa ai ua saogalemu ai ma lana pasese.

O se tasi o tamaloa na fa'amatalaina le tala i le lapataiga o le sunami na tupu a'o pogisa i le 2011. O le sailigi fa'ailo fou mo lapataiga o sunami sa fa'apea ona fa'a'e'eina ina ia va'ava'ai pe iai se sunami, a'o lenei tamaloa e fou atu i totonu o Amerika Samoa, ma ona iloatino ai na te leiloaina po'o le a tonu le mea e fai pe a fa'alogoina le sailigi.

"Na ou manatu vave fa'apea "'Oi e le o se tele lea mea", 'ae ina ua ou teo mafaufau ifo, " fa'apefea la, ae a pe a fa'apefea la" ma ua amata ona - sa fai ma se mea ua le maua ai se malolo. Ia na ou tula'i ese mai lo'u moega ma ou iloa atu o lo'o ola le moli o le fale a lo'u tua'oi ma o lo'o ala foi o ia - E leai sa'u TV po'o se leitio i totonu o lo'u fale, ma e leai sa'u auala lelei e mafai ona ou iloa ai mea o lo'o tutupu i fafo."

Sa ia alu atu i le fale tua'oi ma iloa ai e leai se auala na te mauaina ai fa'asalalauga taua mo nofoaga e alu'ese mai ai. O lona tua'oi, sa fa'amaumuaina ia fa'amatalaga e fa'atatau i le lapataiga ma faailoa mai foi o lo'o lava le maualuga o le nofoaga o lo'o iai ma e saogalemu tusa lava pe taunu'u ona o'o mai le sunami.

O le tasi o tagata auai na talanoaina ma ia fa'amatala ai se Tama Matua mai le nu'u o Amanave, ua lava le tomai i tolegina i tulaga tau sunami ae le'i o'o i le sunami o le 2009. Sa latou a'oa'oina pe lava le malosi o le mafuie e fa'atupuina ai se sunami.

"A o'o is malosi tele le mafuie i le tulaga e luluina ai oe ma e toe pa'u ai, toe taumafai e tula'i, pa'u'u solo mea, o fa'ailoa masani ia... Soso'o loa ma le va'aia ua maui atu le sami, e tatau ona e mautinoa loa, o le a sau le sunami. Ou te le kea pe na 'e lagonaina le mafuie pe leai, 'ae o le taimi lava e va'aia ai le sami ua maui atu, ia e iloa ua aga'i mai le sunami."

I le 2009, ina ua fa'alologaina e le pulenu'u le mafuie ma va'aia le sami ua mauia atu, sa ia oso i lana pikiapu ma le tasi o ona alo, 'ave the pikiapu aga'i i luga ma lalo o le nuu, ma taualaga atu i tagata uma e aga'i i le mauga o lo'o aga'i mai le sunami.

"O le fa'ata'ita'iga lea o se tagata o lava sauni... Sa ia manatuina a'oa'o ma toleniga sa faia... sa ia u'u mai le lali ma iliina le pu ma aga'i atu loa. O le tamaloa lea na lavea'ina lona nu'u atoa."

Taga'i i fa'ailoga ma saini

A o'o ina sauniuni tagata mo puapuaga, e mafai ona latou va'aia saini ma tali atu e tatau ai. A o'o ina aga'i mai se afa, e mafai ona vave iloaina i nai aso mao a'e ma mafai ai ona saunia le fale ma le aiga mo matagi malolosi. A o'o ina tupu se mafuie, sunami, po'o se lologa mai timua mamafa, atonu e mafai ona le lava se taimi e tali sauni atu ai. O le mea lea e lelei ai le vave tapena mamao a le'i o'o i le taimi. O le mafuaga foi lea e taua ai e maitauina o fa'ailoga ma saini. O le pulenu'u o le nuu o Amanave sa ia fa'alologaina le mafuie ma va'aia le sami ua maui atu. 'Ae o le aso lea, e le'i fa'alologaina uma e tagata ia fa'ailoga po'o saini.

> "O le mea na tupu i lea taimi o a'u e nofo i le itu i sisifo, e fai la'u ta'avale ma e masani lava ona ou ti'eti'e fa'atasi ma isi tagata pasese... ma ina ua matou pikiina se tama'ta'i, sa tu mai o ia, sa oso mai i totonu o le ta'avale ma faimai, 'Sole, na e fa'alologaina le mafuie lea? Na tu'i lava a'u o'u pa'u i lalo.' Ae na matou fa'apea ifo, 'Leai, o matou sa i totonu o le ta'avale, ma e le'i logonaina ma se mea.'"

E toatele tagata sa fa'afoeina ta'avale sa latou le lologaina le mafuie i le taimi na tupu ai. Sa fa'aalia mai e se tasi o fafine o ia na i luga o le pasi ma se le lologaina e i latou le mafuie. Sa ia va'aia ma'a o ta'atitia i luga o le auala ma manatu pe aisea ua iai nei ma'a ae le'i iai ni timuga. Sa ia va'aia tagata i ta'avale i le isi itu auala o fa'a'e'e mai le pu ma fa'aemoemo mai moli. Mulimuli ane, sa taofi e se tasi le pasi ma ta'u mai matou te taufetuli atu i nofoaga maualuluga. Sa latou le lologaina le mafuie pe va'aia fo'i le sami o maui. Na'o saini ma fa'ailoga lona lua na va'aia.

E taua tele le tepa taula'i mo fa'ailoga ma saini aua e taualu se taimi o tau fa'agaoioi felavasa'iga mo lapataiga. I lea taimi, sa leai ni metotia sailigi o i se tulaga ono fa'agalueai'ina, ma na'o le Ofisa tutotonu o Lapataiga o Sunami i le Pasefika sa faia le latou lapataiga mo le lausilafia. Talu ai e latalata tele mai le mafuie, sa le lava se taimi mo se fa'ailo ai se lapataiga mo le lausilafia. O le Ofisa o le Tau o Amerka Samoa sa latou a'apa atu i leitio feave'a'i mo fa'alavelave fa'afuase'i ma fa'alauiloa atu ai o lapataiga i metotia o feso'ota'iga. 'Ae leaga, talu ai sa la'itiiti lava le taimi i le va o le mafuie ma le sunami, na le au atu ai lapataiga na fa'asalalau i feso'ota'iga i tagata uma. O se tasi o leito fa'asalalau na latou ripotia atu le sunami a ua o'o atu foi i lo latou ofisa tutotonu i Pago Pago.

Sa matu'a'i tele suiga e fa'afou ma fa'aleleia ai metotia mo felavasa'iga o lapataiga mo Amerika Samoa talu mai le sunami o le 2009, ma o le a fa'aauau pea o fa'aleleia i le aga'i atu i le lumana'i. Ae peita'i, e taua ona iloatino e tagata o itu'aiga e mafai fo'i ona saunia i latou, aua a o'o ina tupu fa'afuase'i mai ni puapuaga po'o ua fa'aleagaina ai metotia mo feso'ota'iga, o lo'o mafai lava e itu'aiga ma nuu ona tali atu i lea puapuaga.

19

Tausi oe ma tausi atu mo isi tagata

O se mea e masani na maituaina o tagata o lo'o faia gaoioiga fa'avavave e aunoa ma se fuafuaga i le taimi a'o tupu ai ma le taimi ua uma ai puapuagatia. O se tasi o fafine na fa'amatalaina le tala o lona tamo'e atu i luga o le mauga ina ua o'o mai le sunami. Ua na'o ni fa'a'emo na te manatuaina - o leo, o manogi, ua fa'asolo ina susu ona vae.

O le isi fafine, ona o lē to'a a'o aga'i atu lana ta'avale i nofoaga maualuluga, sa taofi ma piki atu so'o se tasi ua mafai ona ofi i lana ta'avale. Sa latou alalaga atu i fafo o le fa'amalama e fa'ailoa atu i tagata uma e aga'i i nofoaga maualuluga. E ui lava o se tulaga fefevale, sa fesoasoani le tasi i le tasi i le malosi e mafai ai. Sa fa'aauau nei galuega fesoasoani i le taimi na uma ai puapuagatia.

I Tutuila atoa, sa amata ona fa'aputuputu e tagata o mea'ai, o vai inu, o lavalava, ma sapalai mo latou na a'afia i le sunami. Sa o mai fa'atasi itu'aiga ma nuu e fesoasoani i le fa'amama i fafo o fale, fa'amamaina o nuu, ma sapasapai le tasi i le tasi i taimi o fa'anoanoaga.

E ui lava ina ta'ua mai e tele tagata o Amerika Samoa e le fia talanoa i lenei mea na tupu, e taua tele ona manatuina pea o nei tiga po'o manu'a e le te'a 'ese mai le tagata. Atonu e toe fa'afoisia le malosiaga e aunoa ma se leo, ae peita'i o lenei fa'agasologa mo le toe fa'afoisia o le malosiaga e umi le taimi e fa'ataunuuina ai.

Fa'aalia mai e se tasi fafine, "Aua e te taumafai e fa'a'eseina oe." Sa ia fa'aalia mai, o totonu o vaiaso ma masina ina ua uma le sunami, o le mea sili on taua o le iai fa'atasi atu i uo ma aiga. O le fesoasoani ma le sapasapai mai o ona aiga na maua ai le malosi.

Tapenaga mo puapuaga i Amerika Samoa

Manatunatu po'o fea le nofoaga e tele ona fa'aalu ai lou taimi - o e lava sauni pea osofia oe e puapuaga i lea nofoaga? E mana'omia ona e fa'ateteleina ou sauniuniga mo puapuaga i lou fale ma lou ofisa. Ae afai e tele lou fealu'ai ta'avale i le motu ma e te mana'o e fa'ateteleina au sauniuniga mo puapuaga e tu'u i totonu o lau ta'avale. Fa'aalu sina taimi e mafaufau ai ni auala e fa'ateteleina au sauniuniga ina ia osofa'i mai puapuaga, ua e lava sauni.

O le vaega a le Koluse Mumu o Amerika o lo'o faulalo mai e fa'ateteleina au sauniuniga mo puapuaga pe a mulimuli i auala faigofie nei e tolu:

1) Saunia se pusa mo fa'alavelave:

E tele itu'aiga pusa mo mea faigaluega mo fa'alavelave fa'afuase'i, ma e tatau ona e mafaufau lelei pe lava le tasi pe moomia ni pusa mo fa'alavelave fa'afuase'i ina ia lava sauni e tali atu ai i puapuaga ua masani ai vaega o le motu e nofo ai ma fa'aalu ai le tele o lou taimi.

- Supalai amata o le fesoasoani muamua
- Pusa tu'ufa'atasi ai lavalava, fuala'au mai le falema'i, etc... ne'i tu'ua fa'afuase'i lou fale.
- Pusa mo sauniuniga i le nofoaga e te sulufa'i ai.

Ia Maitau: E to'atele tagata o lo'o iai vaega ia o le pusa mo fa'alavelave o salalau solo i vaega 'ese'ese o latou fale, 'ae leai se pusa mo fa'alavelave ua saunia ma tu'ufa'atasia.

2) Fa'ata'atia au fuafuaga:

Feiloai ma ou aiga po'o au soa-faigaluega e talanoaina po'o le a mea e fai pe a o'o ina tupu mai ni puapuaga. Manatu i ni mea 'ese'ese e mafai ona tupu, fa'ata'ita'iga., Fa'atusa i le taeao po'o le afiafi; Fa'atusa i le fale po'o le galuega/a'oga; Fa'atusa i le afa po'o le mafuie. Ina ia fausia se fuafuaga lelei mo fa'alavelave fa'afuase'i, e tatau ona talanoaina:

- Pe fa'apefea ona e tali atu i se fa'alavelave fa'afuase'i i se nofoaga e 'ese mai ma ou nofaaga masani?
- O le a le mea e fai a'o ai fo'i e ogaina lea matafaioi?
- O le a lau mea e fai pe a tu'u 'ese'eseina?
- O fea e te alu iai pe a alo'ese mai tulaga-lamatia?

Taua Tele: Toe iloilo fuafuaga ma fai ni fa'ata'ita'iga., O le a penefiti uma latou e fa'ata'ita'iina, ae maise lava le fanau (fuafuaga mo le aiga) po'o tagata faigaluega fou (fuafuaga mo galuega).

3) Ia logologoina oe:

- O a itu'aiga fa'alavelave fa'afuase'i atonu e tupu i lou oga'ele'ele (o **oga'ele'ele** e masani ona fa'aalu ai lou taimi)?
- O ai le ofisa o le pule fa'atonu, fa'apefea ona fa'afeso'ota'i, ma e fa'apefea ona latou fa'afeso'ota'ia oe pe a o'o mai ni fa'alavelave fa'afuase'i? (fa'ata'ita'iga., O Sailigi? Fautuaga, va'ava'ai, lapataiga?)
- O a auala uia e alo'ese mai ai i taimi o tulaga-lamatia?
- Pe mafai ona e a'oa'oiga fa'aa'oa'oga mo le itu'aiga ma nuu mo (CPR, AED, CERT)?

IA FA'ASOA ATU LOU A'OA'OINA I ISI TAGATA
O le e te iloa e mafai ona lavea'i ai le ola o se tagata.

Ia faia se pusa o mea saunia mo fa'alavelave fa'afuase'i

O a mea lelei e tatau ona aofa'i i totonu o le pusa mo fa'alavelave?

I le taimi tua uma atu ai puapuaga, atonu e le mafai e i latou o e galulue tusa ai ma fa'alavelave fa'afuase'i ona o'o atu ia te oe. O se manatu lelei le iai o se pusa mo fa'alavelave saunia i totonu o lou fale, ofisa, a'oga, ma/po'o lau ta'avale.

Fa'aavanoa sina taimi e mafaufau ai ma lou aiga, po'o tagata faigaluega i mea e tata ona aofia i totonu o **pusa mo fa'alavelave fa'ananati 'ese** pe a tatau alu'ese fa'avavave atu i se oga'ele'ele saogalemu; po'o se **pusa mo fa'alavelave e tu'uina i fale sulufa'i** pe a fai ua e le saofia atu pe tatau ona e nofomau i le mea o lo'o e iai mo sina piriota umi mo lou saogalemu.

O fa'amatalaga e fa'atatau i le pusa o sauniuniga mo fa'alavelave fa'afuase'i o i luga o nei itulau na maua mai lea i le Center for Disease Control and Prevention (CDC), o le American Red Cross, ma le Ready.Gov. Fa'amolemole taga'i i le itulau o vaega o alaga'oa i le fa'aiuga o lenei tusi e maua ai nisi alaga'oa e fesoasoani ia te oe mo lau sauniuni i puapuaga.

Mea mo le Tausiga ma lou Soifua Maloloina:

- Suavai - tasi le kalone a le tagata, i le aso
- Mea'ai - e le vave-leaga, faigofie na saunia, ae maise lava e le toe tau fa'aopoopoina le vai po'o le tau kukaina.
- Mea tala'apa e le mana'omia se uila, mea faimea'ai
- Pusa o le fesoasoani muamua
- Fuala'au mo gasegase (e lava mo le 7-aso), o nisi sapalai fa'alefoma'i, ma pepa ma'i (fa'ata'ita'iga., lisi o au fuala'au, o au pepa ma fa'amatalaga taua fa'alefoma'i.)
- Mea e mo'omia mo le tausiga o lou tino

Saogalemu ma le Fa'atulagaina o mea:

- Moliuila
- Leitio e ola i ma'auila, po'o le Leito Pamu mai (NOAA Weather Radio, pe a mafai)
- Ma'auila fa'aleoleo
- Mea faigaluega e tele oga aoga (fa'ata'ita'iga., taimi naifi tu'utaga po'o le naifi Swiss a le 'ami.)
- Tupe fa'aleoleo
- Palanikeke mo fa'alavelave fa'afuase'i
- Kopi o pepa totino (fa'ata'ita'iga., fa'amaonia ai lou tuatusi, 'i'ugafono/lisi o le fale, o tusifolau, o pepa fanau, ma polisia o inisiua)
- Fa'amatalaga o au feso'ota'iga ma aiga i taimi o fa'alavelave fa'afuase'i.
- (O) Fa'afanua o le oga'ele'ele

O nisi o sapalai fa'aopoopo atonu e te mana'omiaina:

- Fa'aili
- La'au afitusi
- Ofu talitimu
- O solo ta'ele
- Totini lima faigaluega
- Mea faigaluega/sapalai mo le puipuia o lou fale
- O ofu fa'aleoleo, pulou ma se'evae puipuia
- O tapoleni ufiufi
- Mua fa'apipi'i, mea fa'apipi'i
- Seleulu
- Vaila'au fa'amama ai le fale
- O ni mea fa'afiafia
- Palanikeke po'o moega tu'utaga

O a ni mea e moomia fa'apitoa mo OE i se pusa suania mo fa'alavelave fa'afuase'i i lou fale po'o le galuega?

- Tioata/va'aiga/tioata fa'apipi'i ma vaila'au e fa'amama ma le pusa?
- Sapalai mo le tausiga o le pepe, fa'ata'ita'iga., napekini fa'apipi'i ma fomula?
- Mea fesoasoani i le fa'alogo?
- Telefoni fe'ave'a'i / fagama'a?
- ?

_____

_____

_____

_____

Alaga'oa i tulaga tau Suiga o le Tau ma Puapuaga

O le Fa'aSaikolosi o le toe mauaina o le Malosiaga mai Puapuaga:

Ina ia mafai ona e sao atu ma fa'aogaina nei fa'amatalaga ma fesoasoani fa'atatau i le fa'asaikolosi o le toe mauaina o le malosiaga pe a tuaga'i-puapuaga, fa'amolemole asiasi le American Psychological Association (APA) Psychology Help Center i le latou itulau i luga o le initeneti mo le toe fa'afo'isia o lagona mai puapuaga i le http://www.apa.org/helpcenter/recovering-disasters.aspx.

Fa'amatalaga mo Sauniuniga tau Puapuaga:

Tele fa'amatalaga fa'alau'aiteleina o lo'o mauaina e fa'atatau i sauniuniga mo puapuaga nai

- Ofisa tutotonu o le Center for Disease Control and Prevention (CDC), http://www.bt.cdc.gov/preparedness/kit/disasters,
- Le ofisa o le American Red Cross, http://www.redcross.org/prepare /location/home-family/get-kit,
- Ma le Ready.Gov, www.ready.gov

Fa'amatalaga i Suiga o le Tau:

O le polokalama a le Pacific Regional Integrated Sciences ma Assessments o lo'o taumafai e fesoasoani i Tagata Pasefika ia sauni ma pulea tulaga le mautinoa o fesuia'iga ma le le mautonu o le tau. O le polokalama a le Pasefika RISA o lo'o fa'atupeina lea e le National Oceanic and Atmospheric Administration (NOAA). Fa'amolemole asiasi le itulau i luga o le initeneti a le Pacific RISA i le www.PacificRISA.org.